ATLAS CÉLESTE,

COMPOSÉ

D'UN GLOBE

DE DOUZE PIEDS DE CIRCONFÉRENCE,

DU PÈRE CORONELLI:

Auquel on a joint celui de M. l'Abbé DE LA CAILLE; pour ſervir de Carte générale, ſur laquelle ſe trouvent les nouvelles Conſtellations découvertes par ce célebre Aſtronome au Cap de Bonne-Eſpérance, & qui ſont déſignées ſous les noms des principaux inſtrumens des Arts ; avec une Table alphabétique des Conſtellations, & des Étoiles les plus remarquables.

Cette CARTE, étant le Tableau du Ciel, offre au premier coup-d'œil l'enſemble de ce grand Globe. Les caracteres de BAYERUS & de FLAMSTEED y ſont marqués; & les noms des Conſtellations écrits en diverſes Langues,

AVEC DES EXPLICATIONS.

A PARIS,

Chez DESNOS, Ingénieur-Géographe & Libraire de Sa Majeſté le Roi de Danemarck, rue Saint Jacques, au Globe.

M. DCC. LXXXII.

TABLE ALPHABÉTIQUE
DES CONSTELLATIONS,
Et des Étoiles les plus remarquables qui y sont comprises.

Nota. Les Étoiles sont ici en plus petit caractere que les Constellations. La position des unes & des autres, tant au Nord qu'au Sud de l'Ecliptique, est indiquée par les lettres N & S, avant les chiffres ou numéros des Fuseaux du Globe où elles se trouvent. Les plus petits chiffres expriment les numéros de la continuation ou des extrémités des Fuseaux, vers les Poles de l'Ecliptique.

Noms des Constellations & Étoiles.	*Leur Position.*	*Numéros des Fuseaux du Globe.*
L'ABEILLE.	S.	8.
L'AIGLE.	N.	10. 11.
Aldebaran.	S.	3.
Algenib.	N.	1.
Algol.	N.	2.
Alioth.	N.	6.
Altair.	N.	11.
ANDROMEDE.	N.	1. 2.
Antares.	S.	9.
ANTINOUS.	N.	10. 11.
Arcturus.	N.	7.
L'ATTELIER DU SCULPTEUR.	S.	1. 12.
L'AUTEL.	S.	9.
La BALANCE.	N. & S.	8.
La BALEINE.	S.	1. 2. 12.
Le BÉLIER.	N. & S.	1. 2.
Bellatrix.	S.	3.
La BOUSSOLE.	S.	5. 6.
Le BOUVIER.	N.	6. 7. 8.
Les BURINS.	S.	2. 3.
Le CAMÉLEON.	S.	8. 8. 9. 9.
Le CANCER ou l'ECREVISSE.	N. & S.	4. 5.
Canopus.	S.	4.
Le CAPRICORNE.	N. & S.	10. 11.
Carnar ou Achernar.	S.	12.
CASSIOPÉE.	N.	1. 2.
Le CENTAURE.	S.	7. 8.
CÉPHÉE.	N.	1. 1. 2. 2. 3. 3. 12.
CERBERE & le Rameau.	N.	9. 10.
Le Petit CHEVAL.	N.	11.
Le CHEVALET & la Palette.	S.	2. 3. 3. 4. 5. 6.
La CHEVELURE de Bérénice.	N.	6. 7.
La CHEVRE.	N.	3.
Le GRAND CHIEN.	S.	4. 5.
Le PETIT CHIEN.	S.	4.
Le CIGNE.	N.	10. 11. 11. 12.
Le COCHER.	N.	3.
Le Cœur de Charles.	N.	6.
La COLOMBE.	S.	3. 3. 4.
Le COMPAS.	S.	8. 9.
Le CORBEAU.	S.	7.
La COUPE.	S.	6. 7.
La COURONNE.	N.	8.
La COURONNE Australe.	S.	10.
La CROIX DU SUD.	S.	8.
Le DAUPHIN.	N.	11.
La DORADE.	S.	1. 1. 1. 2. 3. 4. 5. 6. 7. 8. 9. 10. 11. 12.
Le DRAGON.	N.	1. 2. 3. 4. 5. 5. 6. 6. 7. 8. 9. 10. 11. 12.
L'ECU de SOBIESKI.	N.	10.
L'Epi.	S.	7.
L'ERIDAN, Fleuve.	S.	1. 2. 3.
La FLECHE.	N.	10. 11.
Le FOURNEAU.	S.	1. 2.
Les GEMEAUX, Castor & Pollux.	N. & S.	4.
La GIRAFFE.	N.	3. 4.
La GRUE.	S.	11. 12.
HERCULE.	N.	7. 8. 9. 9. 10.
L'HORLOGE.	S.	1. 1. 12. 12.
Les Hyades.	S.	3.
L'HYDRE FEMELLE.	S.	5. 6. 7. 8.
L'HYDRE MALE.	S.	10. 10. 11. 11. 12. 12.
L'INDIEN.	S.	10. 11.
Les LÉVRIERS.	N.	6. 7.
Le LÉZARD MARIN.	N.	1. 12.
La LICORNE.	S.	3. 4. 5.
Le LIEVRE.	S.	3. 4.
Le LINX.	N.	3. 4. 5.
Le LION.	N. & S.	5. 6.
Le Petit LION.	N.	5. 6.
Le LOUP.	S.	8. 9.
La LYRE ou le VAUTOUR.	N.	10.
La MACHINE PNEUMATIQUE	S.	6.
Markab.	N.	12.
Le MICROSCOPE.	S.	10. 11.
La MONTAGNE DE LA TABLE	S.	9. 10. 11.
Le MONT MÉNALE.	N.	8.
La MOUCHE.	N.	2.
Le NAVIRE.	S.	4. 4. 5. 5. 6. 6. 7. 7. 8. 8.
Le Grand Nuage.	S.	11. 12.
Le Petit Nuage.	S.	11. 12.
L'OCTANT de Réflection.	S.	9. 10.
L'OISEAU de PARADIS.	S.	8. 9.
ORION.	S.	3. 4.
La GRANDE OURSE.	N.	4. 5. 6.
La PETITE OURSE.	N.	3. 3. 4. 5.
L'OYE.	N	10.
Le PAON.	S.	9. 10.
PEGASE.	N.	1. 11. 12.
PERSEE.	N.	1. 2.
Le PHENIX.	S.	1. 11. 12.
Phomahaut.	S.	12.
Les Pléiades.	N.	2.
Les POISSONS.	N. & S.	1. 12.
Le POISSON AUSTRAL.	S.	11. 12.
Le POISSON BOREAL.	N.	1.
Le POISSON VOLANT.	S.	6. 7. 8.
L'Etoile Polaire.	N.	3.
Procyon.	S.	4.
Le REENE.	N.	3.
La REGLE & l'EQUERRE.	S.	9.
Régulus.	N.	5.
Le RENARD.	N.	10. 11. 12.
Le RETICULE Rhomboïde.	S.	1. 12.
Rigel.	S.	3.
Le SAGITTAIRE.	N. & S.	9. 10.
Le SCORPION.	N. & S.	8. 9.
Le SERPENT.	N.	8. 9. 10.
Le SERPENTAIRE ou Ophiucus.	N. & S.	8. 9.
Le SEXTANT.	S.	5. 6.
Scheat.	N.	12.
Scheat.	S.	12.
Sirius.	S.	4.
Le TAUREAU.	N. & S.	2. 3.
Le TAUREAU R[al] de Poniatowski.	N.	9. 10.
Le TELESCOPE.	S.	9. 10.
La TÊTE de MEDUSE.	N.	2.
Le TOUCAN.	S.	11. 12.
Le Grand TRIANGLE.	N.	2.
Le Petit TRIANGLE.	N.	2.
Le TRIANGLE Aust. ou le Niveau	S.	9.
Variante.	S.	1.
Le VERSEAU.	N. & S.	11. 12.
La VIERGE.	N. & S.	6. 7. 8.
Wega.	N.	10.

1
2
3
4
5
6
Cephée
Andromede
Cassiopée
le grand Triangle
Tête de Méduse
la Mouche
les Poissons
le Belier
la Baleine
le Fourneau
l'Eridan
le Renne
Persée
le Cocher
le Taureau
Orion
le Lievre
Tropique du Capricorne
la Colombe
la Giraffe
le Linx
les Gemeaux
le petit Chien
la Licorne
grand Chien
grande Ourse
le petit Lion
le Cancer
la Boussole
le Lion
Sextant
l'Hydre
la Machine Pneumatique
Navire
L'EQUATEUR
L'ECLIPTIQUE

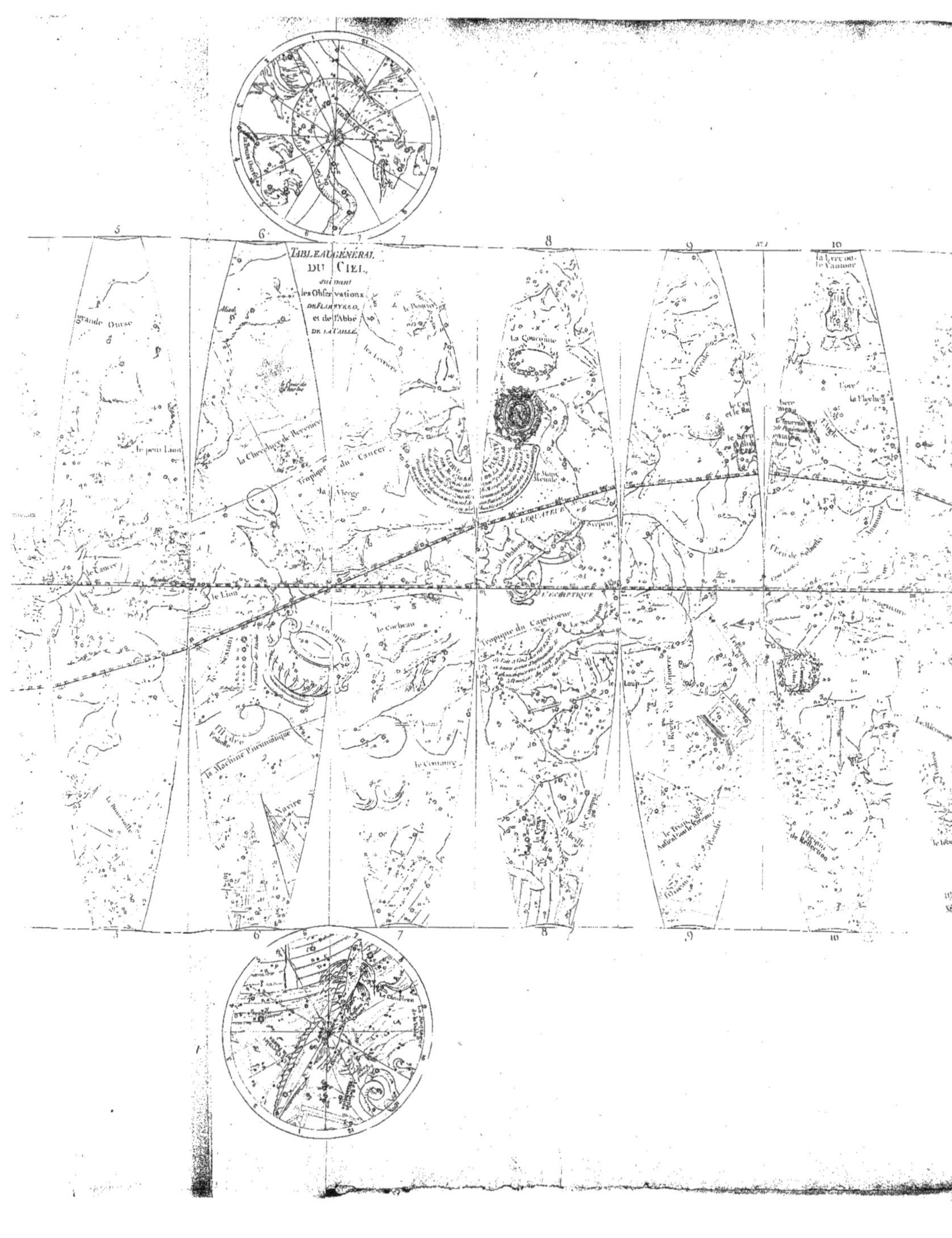
TABLEAU GÉNÉRAL
DU CIEL,
suivant
les Obſervations
DE FLAMSTEED,
et de l'Abbé
DE LA CAILLE.
grande Ourse
le petit Lion
la Chevelure de Berenice
Tropique du Cancer
la Vierge
le Cancer
le Lion
la Coupe
le Corbeau
la Machine Pneumatique
le Centaure
Navire
les Levriers
le Bouvier
la Couronne
L'EQUATEUR
le Serpent
L'ECLIPTIQUE
Tropique du Capricorne
le Scorpion
le Loup
Hercule
le Sagittaire
la Flèche
la Lyre ou le Vautour

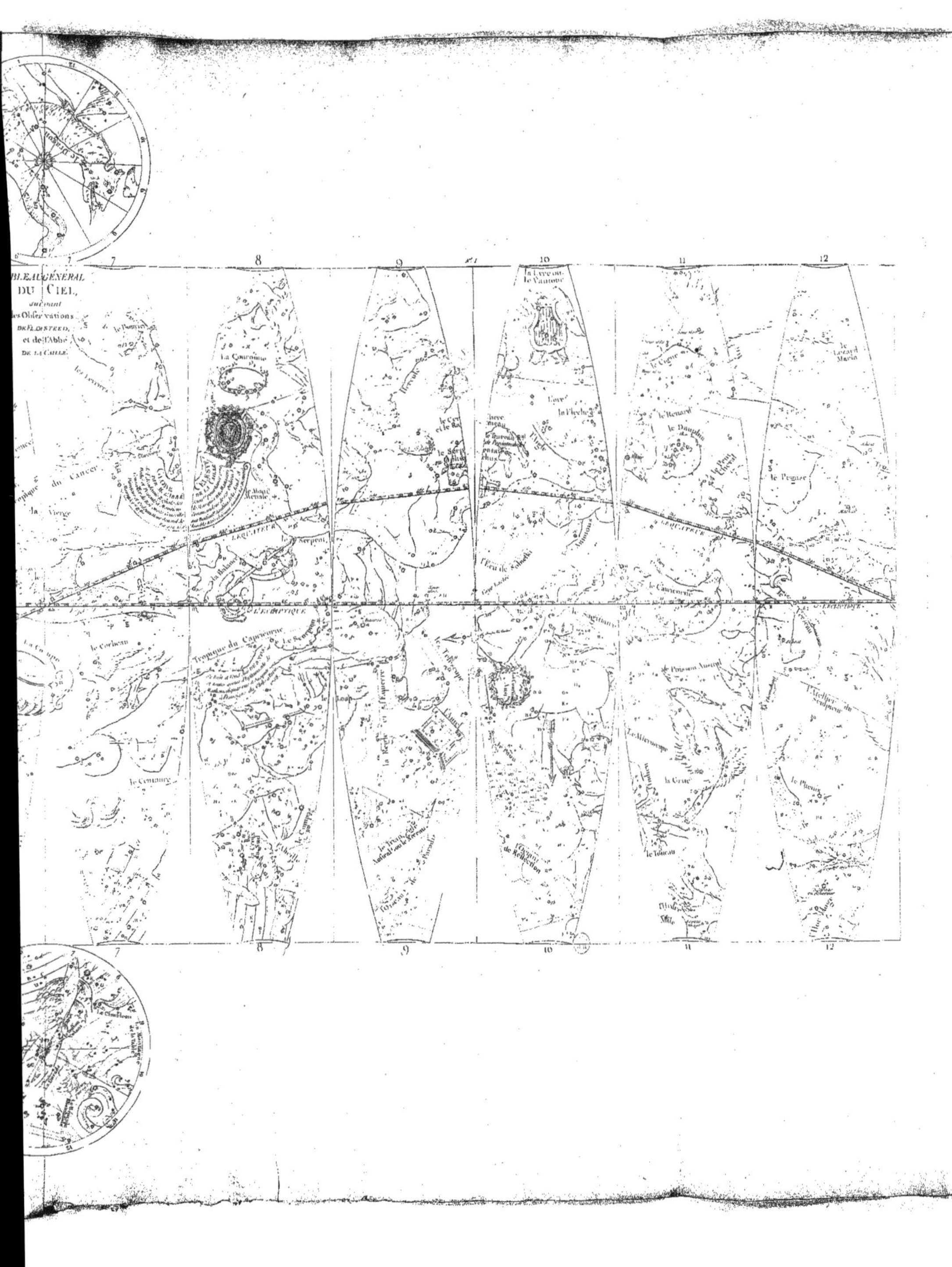
BLEAU GÉNÉRAL
DU CIEL,
suivant
les Observations
DE FLAMSTEED,
et de l'Abbé
DE LA CAILLE.
7
8
9
10
11
12
la Couronne
le Serpent
la Balance
L'ÉQUATEUR
L'ÉCLIPTIQUE
Tropique du Capricorne
Tropique du Cancer
la Vierge
le Corbeau
le Centaure
le Scorpion
le Loup
l'Equerre
le Télescope
le Sagittaire
le Capricorne
la Lyre ou le Vautour
la Flèche
le Renard
le Dauphin
le Cygne
le Lézard
le Pégase
le Petit Cheval
Antinoüs
l'Ecu de Sobieski
le Poisson Austral
le Microscope
la Grue
le Toucan
le Phénix
l'Attelier du Sculpteur
le Verseau
l'Octant de Réflexion
l'Autel
l'Hydre
l'Horloge

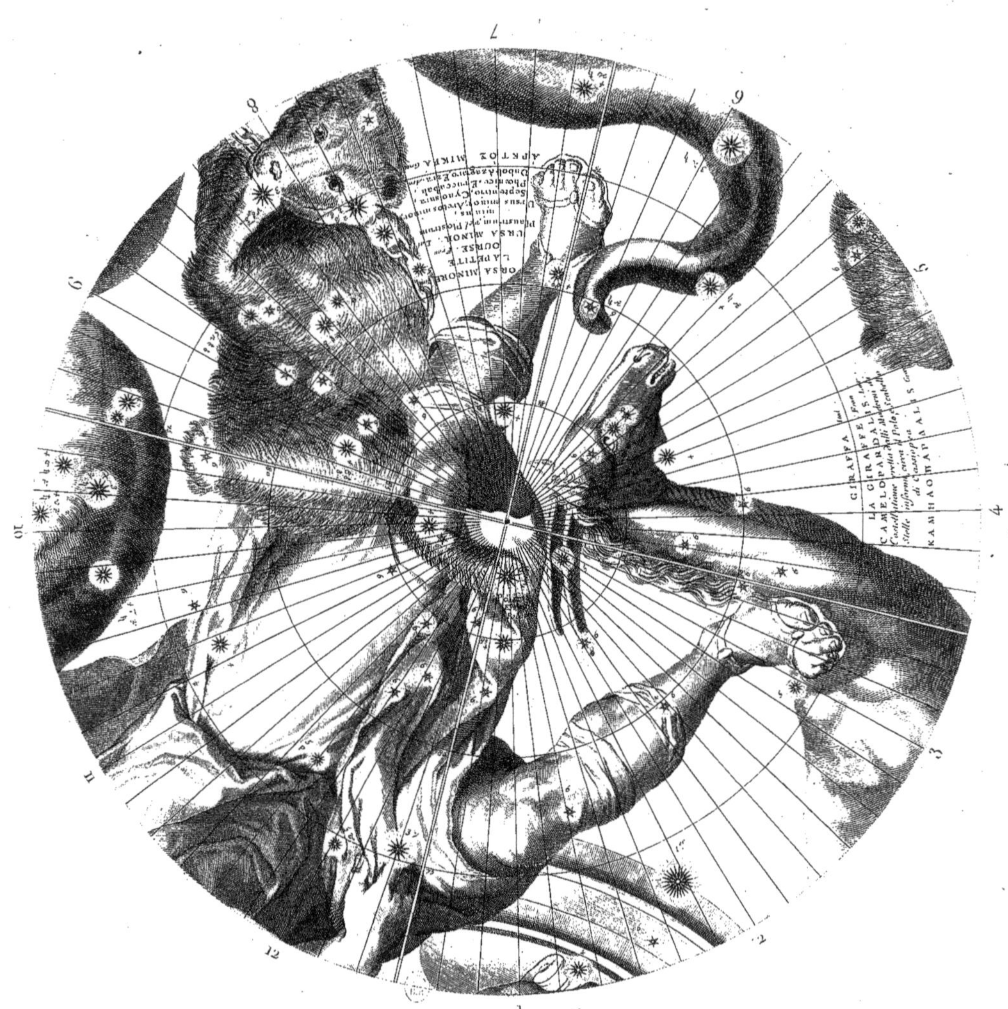

Pole Septentrional

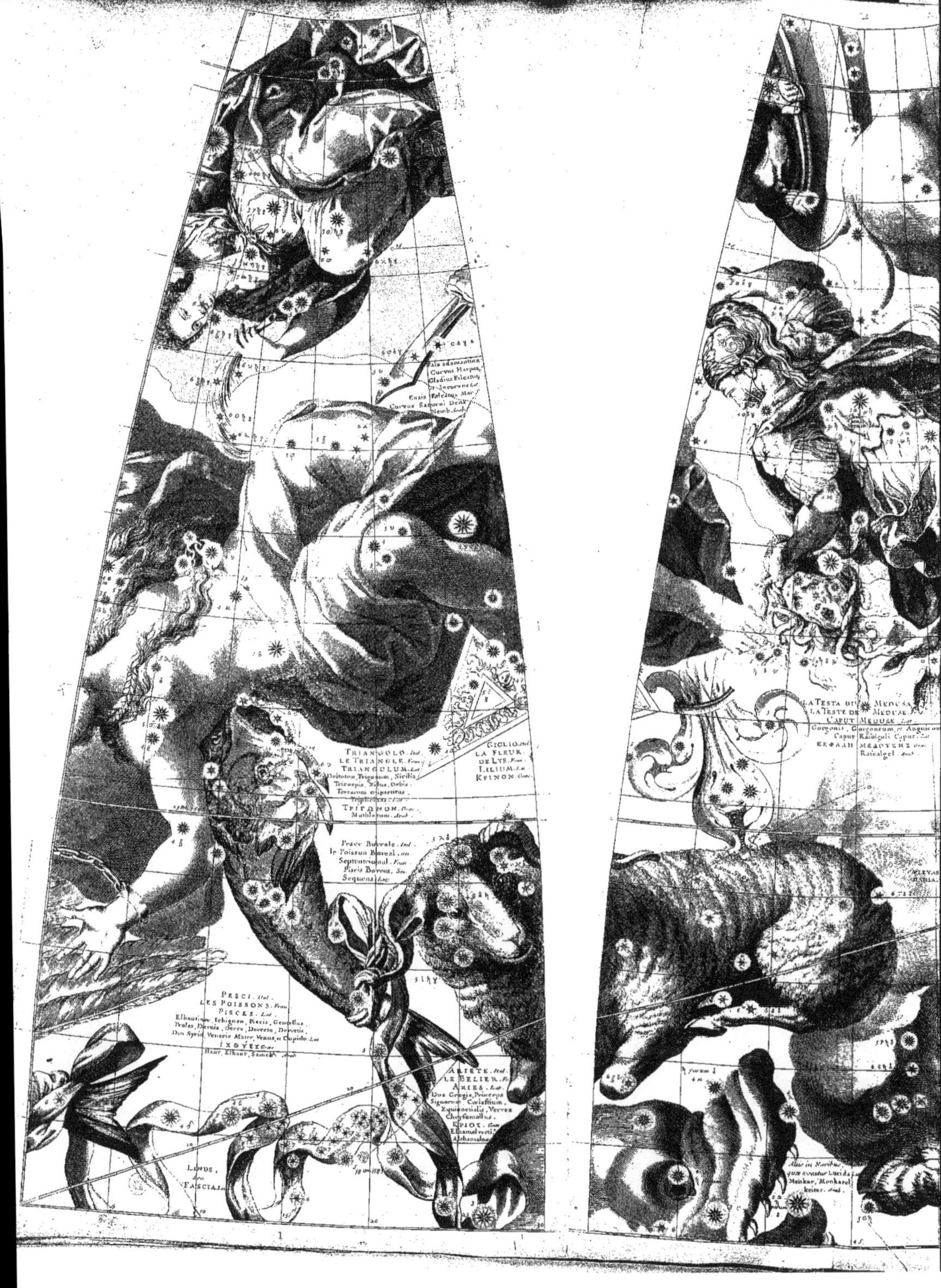
TRIANGOLO. Ital.
LE TRIANGLE. Fran.
TRIANGULUM. Lat.
Deltoton, Trigonum, Sicilia, Tricuspis, Nilus, Orbis Terrarum tripartitus.
TPIΓΩNON. Græc.
Muthlathum. Arab.
GIGLIO. Ital.
LA FLEUR DE LYS. Fran.
LILIUM. Lat.
KPINON. Græc.
Pesce Boreale. Ital.
le Poisson Boreal, ou Septentrional. Fran.
Piscis Boreus. Sequens. Lat.
PESCI. Ital.
LES POISSONS. Fran.
PISCES. Lat.
ΙΧΘΥΕΣ Græc.
ARIETE. Ital.
LE BELIER. Fr.
ARIES. Lat.
Dux Gregis, Princeps Signorum Cœlestium, Equinoctialis, Vervex Chrysomallus.
KPIOΣ. Græc.
Elhamalrecti, Alchamalos.
LA TESTA DI MEDUSA.
LA TESTE DE MEDUSE. Fr.
CAPUT MEDUSÆ. Lat.
Gorgonis, Gorgoneum, et Anguicomum Caput. Raolguli Caput. Lat.
ΚΕΦΑΛΗ ΜΕΔΟΥΣΗΣ Græc.
Rasealgel. Arab.
Alia in Naribus, quæ vocatur Lucida, Menkar, Monkar, keitos. Arab.
1
2

CAPRA,
Ital. et Lat.
Capra Amalthæ, Capella
Iouis Nutricis, Hircus.
Fœlix dicitur Sydus;
si quidem Cornu Amaltheæ,
allegoricè explicant Astrologi,
cujus omnia Fœliciter eve-
nire dicunt
Alhaiod. Arab.
AIΞ AMAΛΘEAΣ. Græc.
HŒDI
Capellæ, et Agni
TORO. Ital.
LE TAUREAU. Franc.
TAURUS. Lat.
Bubulum Caput, sive Isis, Bos
Partitor Europæ. Lat.
Attauru, Al-Taur. Arab.
TAYPOY. Græc.
LA TESTA DI MEDUSA.
LA TESTE DE MEDUSE.
CAPUT MEDUSÆ. Lat.
Gorgonis, Gorgoneum, et Anguicomum
Caput Rasalguli Caput. Lat.
ΚΕΦΑΛΗ ΜΕΔΟΥΣΗΣ. Græc.
Rasealgol. Arab.
PLEYADES.
HYADES.
REDINI. Ital.
LES RESNES. Franc.
HABENA. Lat.
TROPICVS
ORIONE. Ital.
ORION.
Bellator
Bellatrix

ORSA MAGGIORE. Ital.
LA GRANDE OURSE. Fran.
URSA MAIOR Lat.
Cynosura, Plaustricula
Erymanthis, Parrhasis,
Lycaonis, Nonacrina Arctos
Major Hyg. Maxima
Ovid. Magna
Plaustrum, seu Plostrum,
Helice, Lix Arcturus. Lat.
Dubhelachar, Arab.
APKTOΣ MEΓAΛH.
ORBIS CŒLESTIS TYPUS
Opus a P. CORONELLI Min. Con.
Serenissimæque Reipub. Venetæ Cosmog.
Inchoatum.
SOCIETAT. GALLICÆ SUMP.
Absolutum
LVTETIÆ PARISI
ANNO R. S. MDC
Delin. Arnoldus Deu
Acad. Pictor
Sculp. I. B. Nolin
Calcographus
SCUTATA. Ital.
LE FOUET. Fran.
FLAGELLUM Lat.
Tibullus Stimulum appellat.
MAΣTIΞ. Græc.
AURIGA. Lat. et Ital.
LE CHARTIER. Fr.
HERICTONIUS. Lat.
Aurigator, Moderator habenarum,
Heniochus, Currus, Agitator, Primus currum Inventor, Custos
Caprarum, Erichthonius, Erichoni
Habenifer, Mulus clitellatus,
Alhajot, seu Alhatud
HNIOXOΣ. Græc.
Castor
Apollo
Triptolemus
Amphion. Lat.
Pollux
Hercules, Iason
Zethus, Lat.
GEMINI
Ital. et Lat.
LES GEMEAUX. Fran.
Duo Fratres, ex Leda geniti
alias Tindaridæ Lat.
ΔIΔYMOI. Græc.
CANE MINORE. Ital.
LE PETIT CHIEN ou
LA CANICULE. Fran.
Canis Minor, seu Alter Septentrionalis, Sinister, Primus,
Parvus, Procyon, Antecanis, ita vocitatus à Cicerone
Minusculus Canis à Vitruvio, sive Procanis, Canicula
Plin: Canis Orionis. Lat.
ΠPOKYΩN. Græc.
a In Ventre Minoris,
Algomeisa,
Azcheraie,
Kelbelaz.
Mufcida
CANCRO. Ital.
L'ESCREVISSE. Fran.
CANCER. Lat.
Octipes, Nepa, Athacus, Cammarus. Lat.
KAPKINOΣ. Græc.
Afartano, Afartan, Afartan. Arab.
Procyon,
Afthere.

5
6
Circolo Polare Artico. Ital.
Stellæ quatuor in Ursa Majori, nempe α β γ δ vocantur ab aliquibus Currus. Lat.
Dubhe.
Dubon.
Cometa osservata in Praga da Keplero dalli 26. sett. 1607 sino li 30. del medesimo.
26. sec. 1607.
Nel 155 Appiano osservò Cometa in Ingolstat dalli ... sino li 23. Agos ... la di cui coda si stendeva alla parte oposta del sole. Nel p.° giorno compariva la matina; ... li 15. si perdeva ne' raggi del sole, dalli quali sortendo si faceva vedere la sera; dal che il Volgo prese occasione di dir che ... erano le Comete.
FLUVEUS IORDANIS
18
Lucida in Lumbis
Deneb-alecet
Deneb-alecid
Alesid, Nebulaiir.
Denebula. Arab.
Recentioribus ... que in capite
Cor
Pectus
Basilico
Regulus Regia
Kalbol
Leonis.
Leonis.
Basiliscus.
Stella. Lat.
Calbelezid. Arab.
LEONE. Ital.
LE LION. Fran.
LEO. Lat.
Herculeius, Cleonæus, Nemæus. Lat.
ΛΕΩΝ. Græc.
Alezed, vel Alazid, Asit, vel Asid. Arab.
6

DRAGONE. Ital.
LE DRAGON, Franc.
DRACO. Lat.
Serpens, Anguis, Hesperidum custos. Palmos emeritus, Coluber
Arbuum, Atanin, Attanino, Etanin, Aben Taben, Rabin. Arab.
Gli Arabi in vece di questo dipingevano due Lupi e cinque Dromedarij, e gli Antichi la lettera S overo Z.
ΔΡΑΚΩΝ. Graec.
Kis-aliosh
Mirach, Alath
Micar, Mizar. Arab.
Le tre Stelle nella Coda dell'Orsa Maggiore, cioè E. Sono dette da qualcuno, Li tre Cavalli. Ital.
Alcor Arab.
Benenaim.
Benenats.
Benethnasch.
Elkeid Arab.
Stella che non ha pari nell' influire, fortezza, Imani in pero, Dan verticale.
BOOTE Ital.
LE BOUVIER Franc.
BOOTES Lat.
Bubulus, Bubulcus, Thegins, Clamator Vociferator, Plorans, Plaustri, Custos Philomelus, Arcas, Icarus, Lycaon, Canis Latrans, Sagittifer, Lanceator, Vindemiator pro, Vindemia, Ante-Vindemiator prae-Vindemiator Lat.
ΑΡΚΤΟΦΥΛΑΞ ΒΟΩΤΗΣ Graec.
Almuedic Alacaph Almuredin Aleast Arab.
CHIOMA DI BERENICE Ital.
LA CHEVELURE DE BERENICE Franc.
COMA BERENICES Lat.
Κομη Βερενικης Graec.
VERGINE Ital.
LA VIERGE Franc.
VIRGO Lat.
ΠΑΡΘΕΝΟΣ Graec.
FALCE. Ital.
LA FAUCILLE. Franc.
FALX. Lat.
ΑΡΠΗ. Graec.
Lucida Coronae
CORONA SETTEN...
LA COURONNE BOREALE
Corona Borealis, Gnosia, Septen...
Ariadnes, Minois, Cal: Sertum...
ΣΤΕΦΑΝΟΣ ΒΟΡΕΙΟΣ
SERPENTE. Ital.
LE SERPENT. Franc.
SERPENS. Lat.
Serpens Ophiuchi, Anguis, Coluber.
Draconis: Anguilla, Coluber.
Anguis. Lat.
ΕΡΠΕΤΟΝ Graec.
Nodo del Cingolo del Libra. Ital.
Noeud de la Balance. Franc.
Nodus Cinguli Librae. Lat.

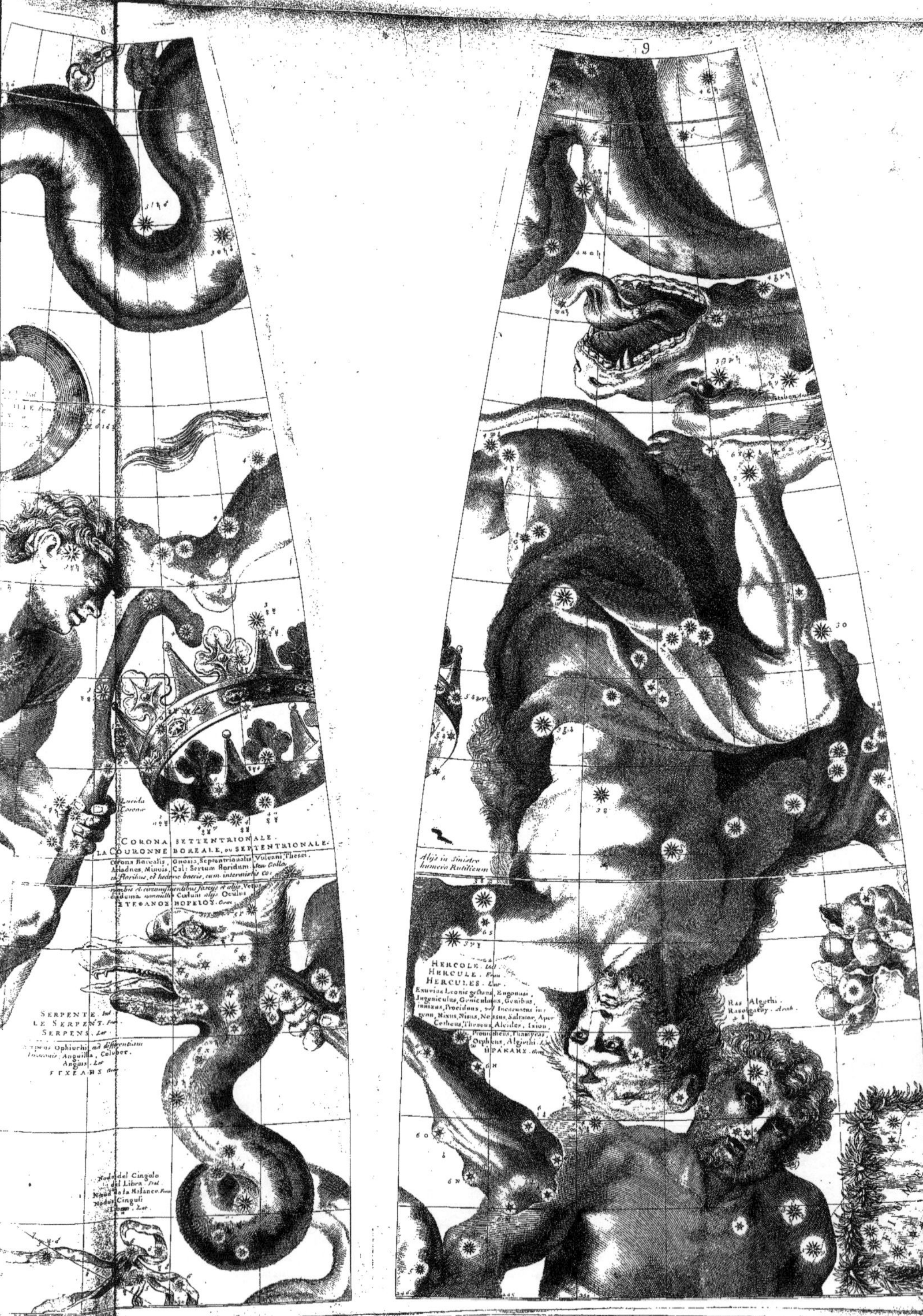

8
9
Lucida Coronæ
CORONA SETTENTRIONALE.
LA COURONNE BOREALE, ou SEPTENTRIONALE.
Corona Borealis, Gnosia, Septentrionalis Vulcani, Thesei, Ariadnes, Minois, Cal: Sertum floridum seu Gollo, ex floribus, et hederæ baccis, cum interrasilis Co-
ΣΤΕΦΑΝΟΣ ΒΟΡΕΙΟΣ. Græc.
SERPENTE. Ital.
LE SERPENT. Fran.
SERPENS. Lat.
Colubez.
Anguis. Lat.
Nodo del Cingolo del Libra. Ital.
Nodus Cinguli. Lat.
Aliȝ in Sinistro humero Rutilicum
HERCOLE. Ital.
HERCULE. Fran.
HERCULES. Lat.
Exuvias Leonis gestans, Engonasi, Ingeniculus, Geniculatus, Genibus innixus, Procidens, vel Incurvatus in genu, Nixus, Nisus, Nessus, Saltator, Apor Cetheus, Theseus, Alcides, Ixion, Prometheus, Thamyras, Orpheus, Algiethi. Lat.
ΗΡΑΚΛΗΣ. Græc.
Ras Algethi.

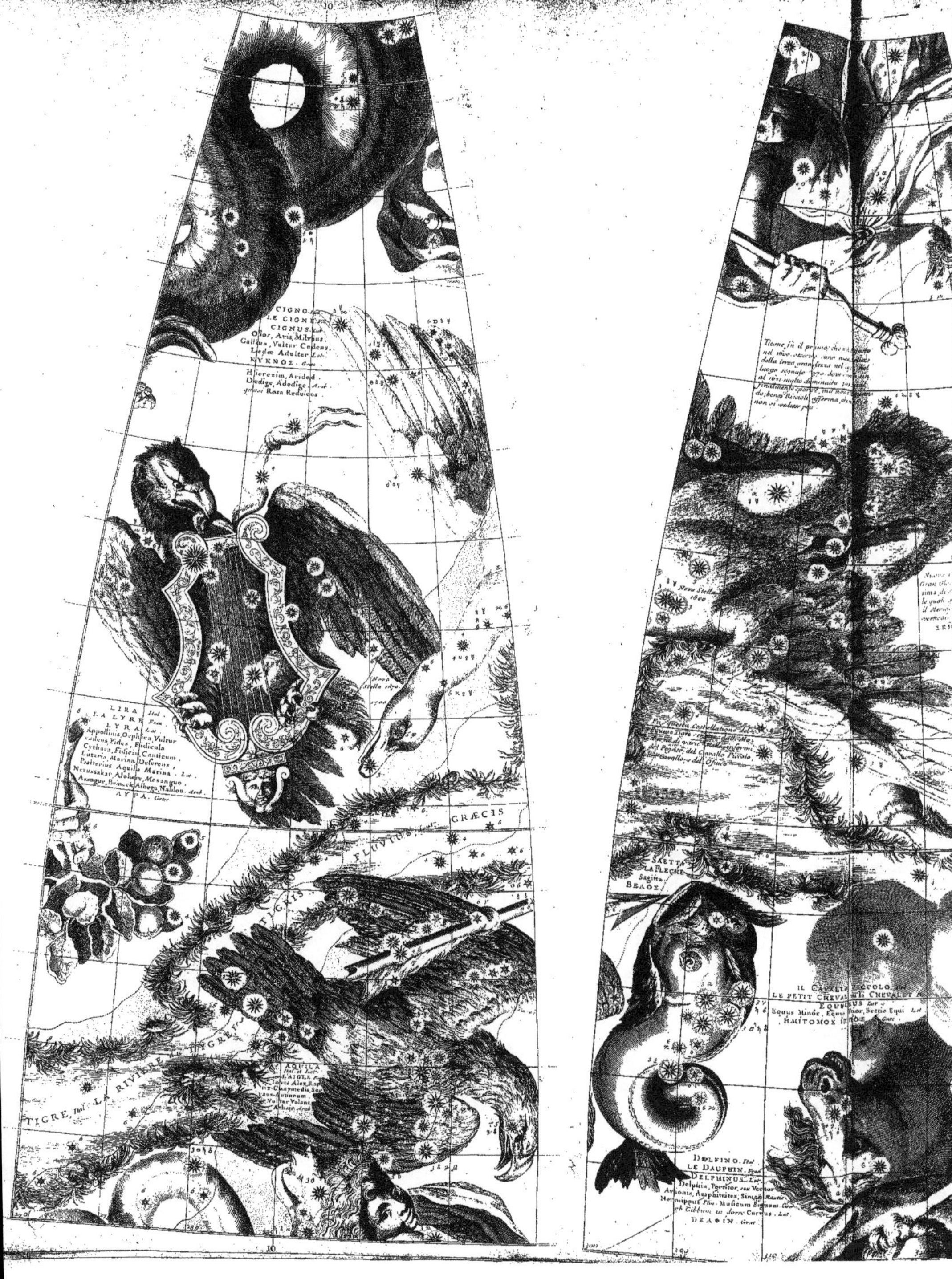

CIGNO. Ital.
LE CIGNE
CIGNUS
Olor, Avis, Milvus,
Gallina, Vultur Cadens,
Ledæ Adulter Lat.
KYKNOΣ Græc.
Hierezim, Arided
Dedige, Adedige Arab.
quasi Rosa Rediens.
Nova Stella 1670
LIRA Ital.
LA LYRE Fran.
LYRA Lat.
AYPA. Græc.
GRÆCIS
FLUVIUS
TIGRIS
TIGRE, Ital. LA RIVIERE DU TIGRE
AQUILA
Nova Stella 1600
SAETTA
LA FLECHE
Sagitta
BEΛOΣ
IL CAVALLO PICCOLO
LE PETIT CHEVAL ou le CHEVALET
EQUULEUS Lat.
DELFINO. Ital.
LE DAUPHIN.
DELPHINUS. Lat.

CEFEO. Ital.
CEPHEE. Fran.
CEPHEUS. Lat.
Dominus Solis, Flammiger,
Incensus, Sonans, Iasides,
Phicares, Cheichius,
Cencans,
Chegins, Caginus,
Pater Andromedæ. Lat.
KHΦEYΣ Græc.
CASSIOPE. Ita.
CASSIOPEE. Fran.
CASSIOPEIA. Lat.
Cassiopea, Cathedra mollis, Mulier Sedens, Seliquastri, Seliquastrum, Sella, Solium Sedes Regalis, Habens Palmam, Belibutam, Cerva, Canis, Cephei Uxor, Andromedæ Mater. Lat.
KAΣΣIOΠEIA. Græc.
Aben-Ezra. Arab.
SCETTRO. Ital.
LE SCEPTRE. Fran.
SCEPTRUM. Lat.
ΣKHΠTPON
PEGASO. Ital.
LE PEGASE. Fran.
PEGASUS. Lat.
Equus, seu Caballus Major Secundus, Posterior, Volans, Alatus, Aëreus, Dimidiatus, Medusæus, Gorgoneus, Bellerophonteus, Lat.
IΠΠATOΣ Græc.
Alpheras, Alpharaso, Arab.
IL CAVALLO PICCOLO Ital.
LE PETIT CHEVAL ou le CHEVALET Fr.
EQUULEUS Lat.
Equus Minor, Equus Prior, Sectio Equi Lat.
HMITOMOΣ Græc.
Pesce Australe Ita.
Le Poisson Austral Fr.
Piscis Notius,
Austrinus, seu Præcedens Lat.
330
335

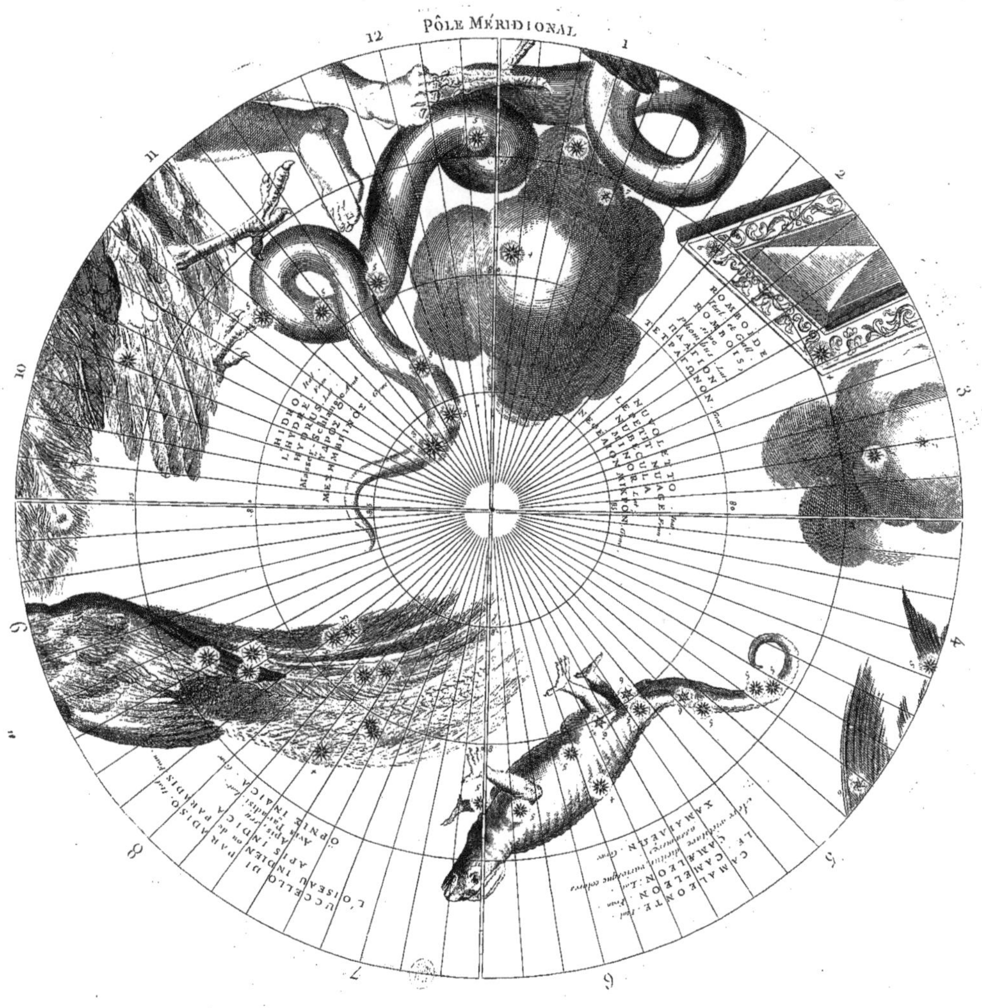
PÔLE MÉRIDIONAL

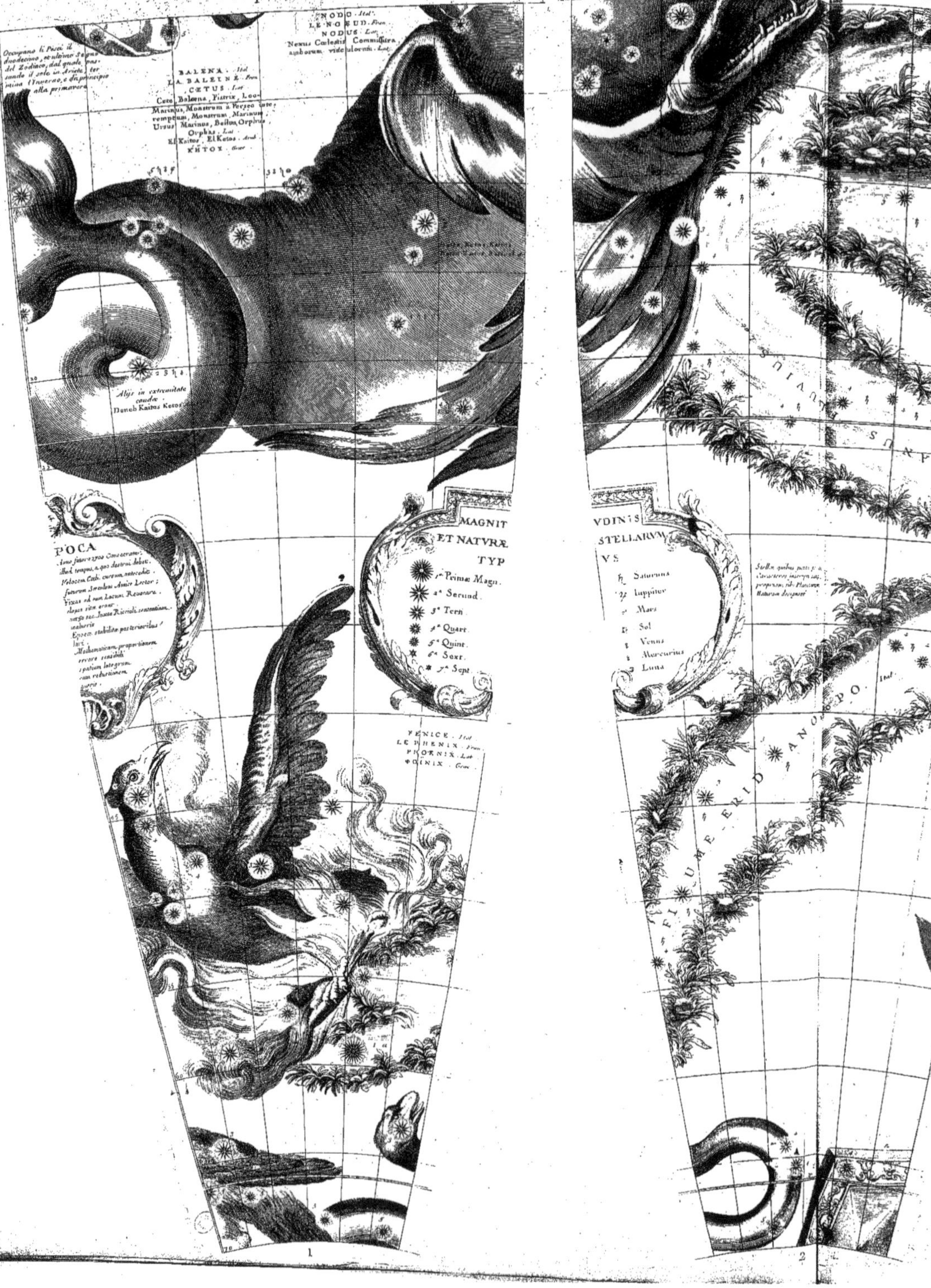
1
NODO. Ital.
LE NOEUD. Fran.
NODUS. Lat.
Nexus Cœlestis Commissura amborum videlorum. Lat.
Occupano li Pesci il duodecimo, et ultimo Segno del Zodiaco, dal quale passando il sole in Ariete, termina l'Inverno, e di principio alla primavera
BALENA. Ital.
LA BALEINE. Fran.
CŒTUS. Lat.
Cete, Balæna, Pistrix, Leo Marinus, Monstrum à Perseo interemptum, Monstrum Marinum, Ursus Marinus, Bellua, Orphus, Orphas. Lat.
El Kaitos, El Ketos. Arab.
ΚΗΤΟΣ. Graec.
Alijs in extremitate caudæ
Deneb Kaitos Ketos
POCA
MAGNITVDINIS
ET NATVRÆ STELLARVM
TYPVS
1ª Primæ Magn.
2ª Secund.
3ª Tert.
4ª Quart.
5ª Quint.
6ª Sext.
7ª Sept.
Saturnus
Iuppiter
Mars
Sol
Venus
Mercurius
Luna
FENICE. Ital.
LE PHENIX. Fran.
PHOENIX. Lat.
ΦΟΙΝΙΞ. Graec.
1
2

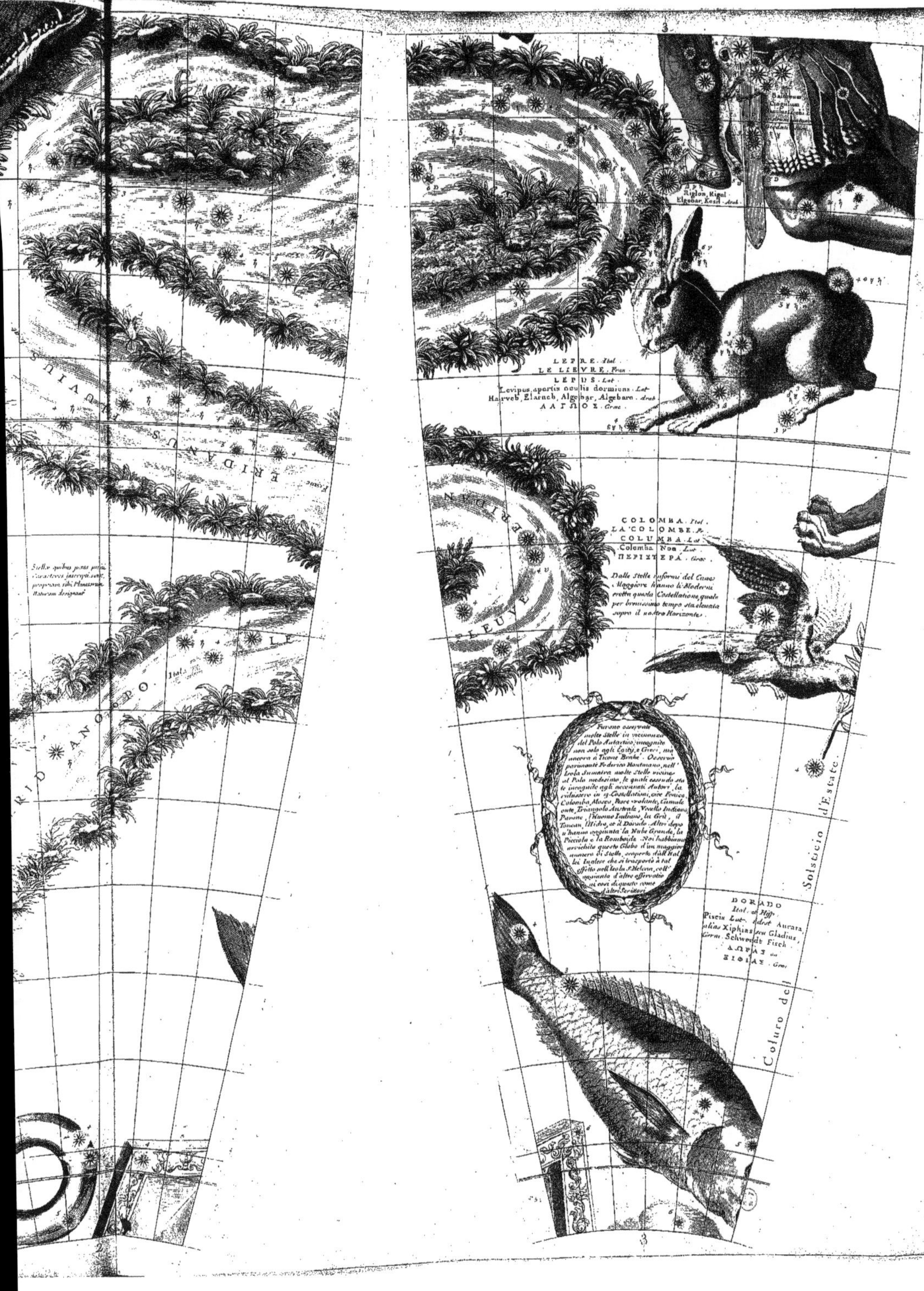
ERIDANUS FLUVIUS
ERIDANO PO Ital.
LE FLEUVE ERIDAN
Rigion, Rigel, Elgebar, Kesil Arab.
LEPRE. Ital.
LE LIEVRE. Fran.
LEPUS. Lat.
Levipus, apertis oculis dormiens. Lat.
Harveb, Elarneb, Algebar, Algebaro. Arab.
ΛΑΓΩΟΣ. Græc.
COLOMBA. Ital.
LA COLOMBE. Fr.
COLUMBA. Lat.
Colomba Noe. Lat.
ΠΕΡΙΣΤΕΡΑ. Græc.
Dalle Stelle informi del Cane Maggiore hanno li Moderni eretta questa Costellatione, quale per brevissimo tempo sta elevata sopra il nostro Horizonte.
Furono osservate molte Stelle in vicinanza del Polo Antartico, incognite non solo agli Caldei, e Greci, ma ancora à Ticone Brahe. Osservò parimente Federico Houtmano, nell' Isola Sumatra molte Stelle vicine al Polo medesimo, le quali essendo state incognite agli accennati Autori, la ridussero in 13 Costellationi, cioè Fenice, Colomba, Mosca, Pesce volante, Camaleonte, Triangolo Australe, Vccello Indiano, Pavone, l'Huomo Indiano, la Grù, il Toucan, l'Hidro, et il Dorado. Altri dopo u' hanno aggiunta la Nube Grande, la Picciola e la Romboide. Noi habbiamo arrichito questo Globo d'un maggior numero di Stelle, scoperte dall' Hallei Inglese che si trasportò à tal effetto nell' Isola S. Helena, coll' aggiunta d'altre osservationi così di questo come d'altri Scrittori.
DORADO Ital. et Hisp.
Piscis Lat. et est Aurata, alias Xiphias seu Gladius, Germ. Schwerdt Fisch.
ΔΩΡΑΣ vel ΞΙΦΙΑΣ. Græc.
Coluro del Solsticio d'Estate.

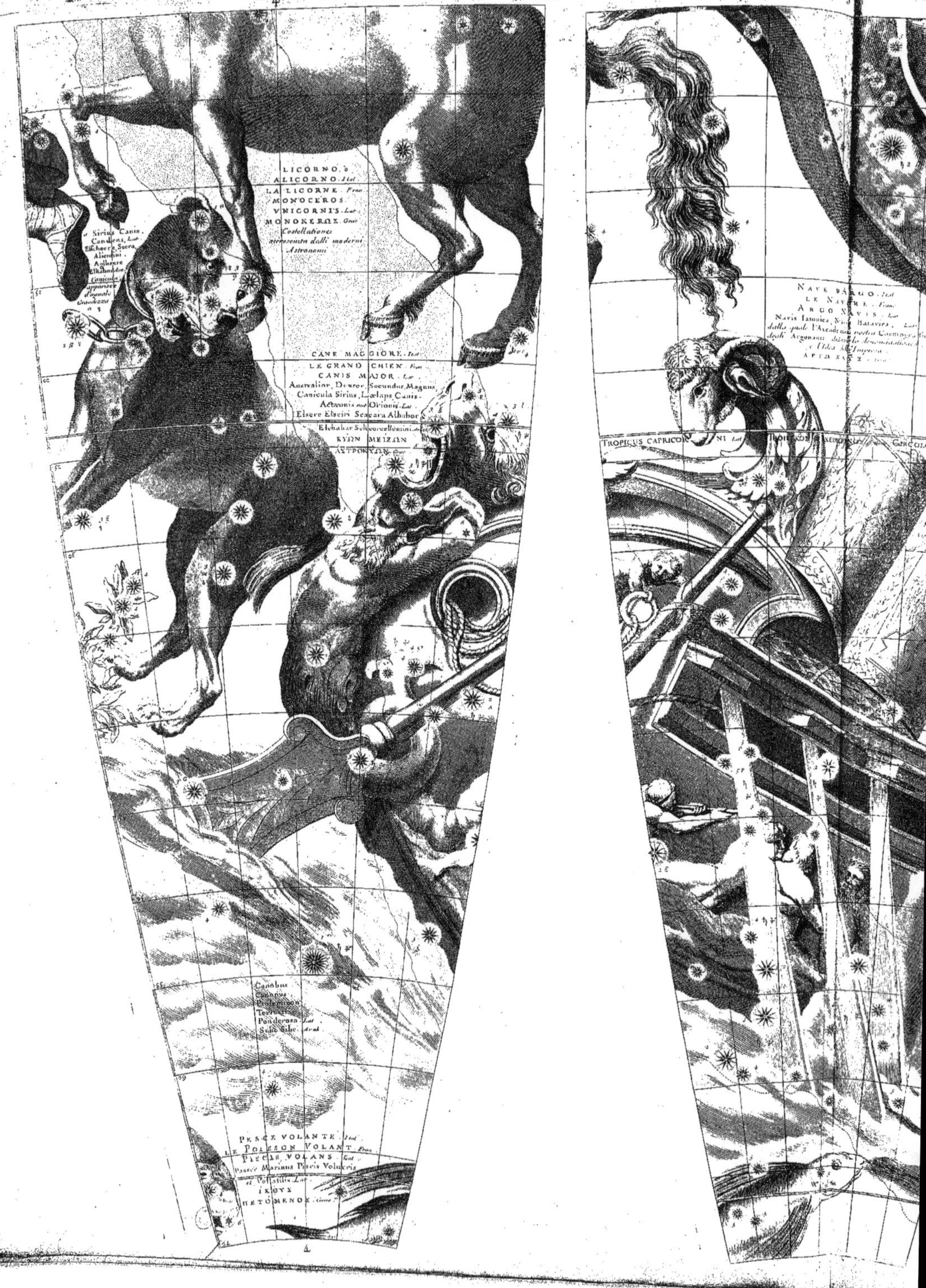
LICORNO. ò
ALICORNO. Ital.
LA LICORNE. Fran.
MONOCEROS.
VNICORNIS. Lat.
MONOKEPΩΣ. Græc.
Costellationes
accresciuta dalli moderni
Astronomi
CANE MAGGIORE. Ital.
LE GRAND CHIEN. Fran.
CANIS MAJOR. Lat.
Australior, Dexter, Secundus, Magnus,
Canicula Sirius, Lælaps Canis-
Actæonis aut Orionis. Lat.
Elsere Elseiri Seacara Alhabor
KYΩN MEIZΩN
NAVE d'ARGO. Ital.
LE NAVIRE. Fran.
ARGO NAVIS. Lat.
Navis Iasonica, Navis Batavica, Lat.
TROPICUS CAPRICOR
CIRCOLO
PESCE VOLANTE. Ital.
LE POISSON VOLANT. Fran.
PISCIS VOLANS. Lat.
Passer Marinus Piscis Voluc.ris
et Volatilis. Lat.
4

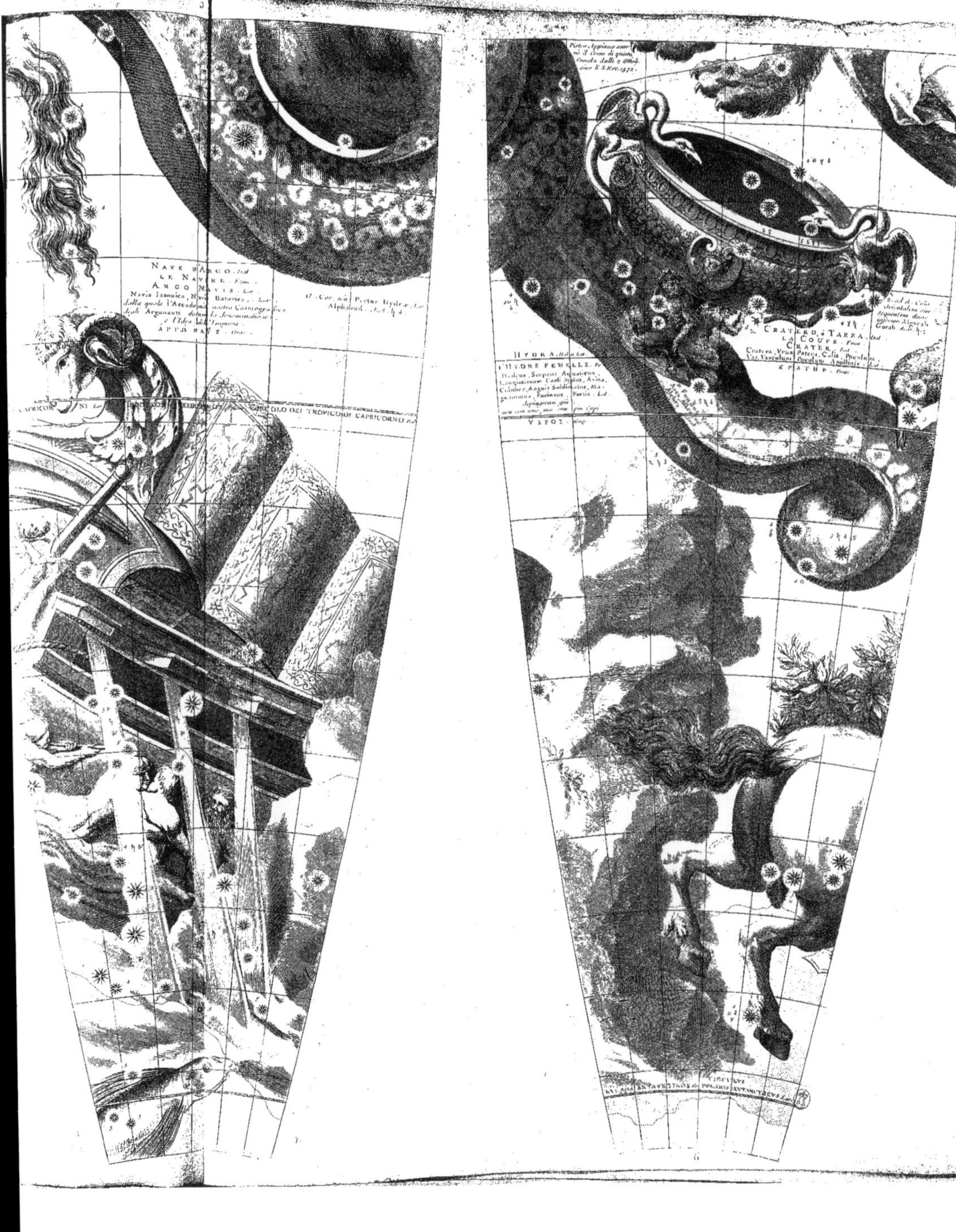

NAVE D'ARGO
LE NAVIRE
ARGO NAVIS
Navis Iasonica, Navis Batavica
CIRCOLO DEI TROPICO DI CAPRICORNO
Alphard
CRATERO, ò TAZZA
LA COUPE
CRATER
Cratera, Vrna, Patera, Calix, Poculum,
Vas, Vasculum, Poculum Apollinis
HYDRA
l'HYDRE FEMELLE
Hydrus, Serpens Aquaticus,
Longissimum Caeli Sydus, Asina,
Coluber, Anguis Soldinatus, Ma-
VAPOZ

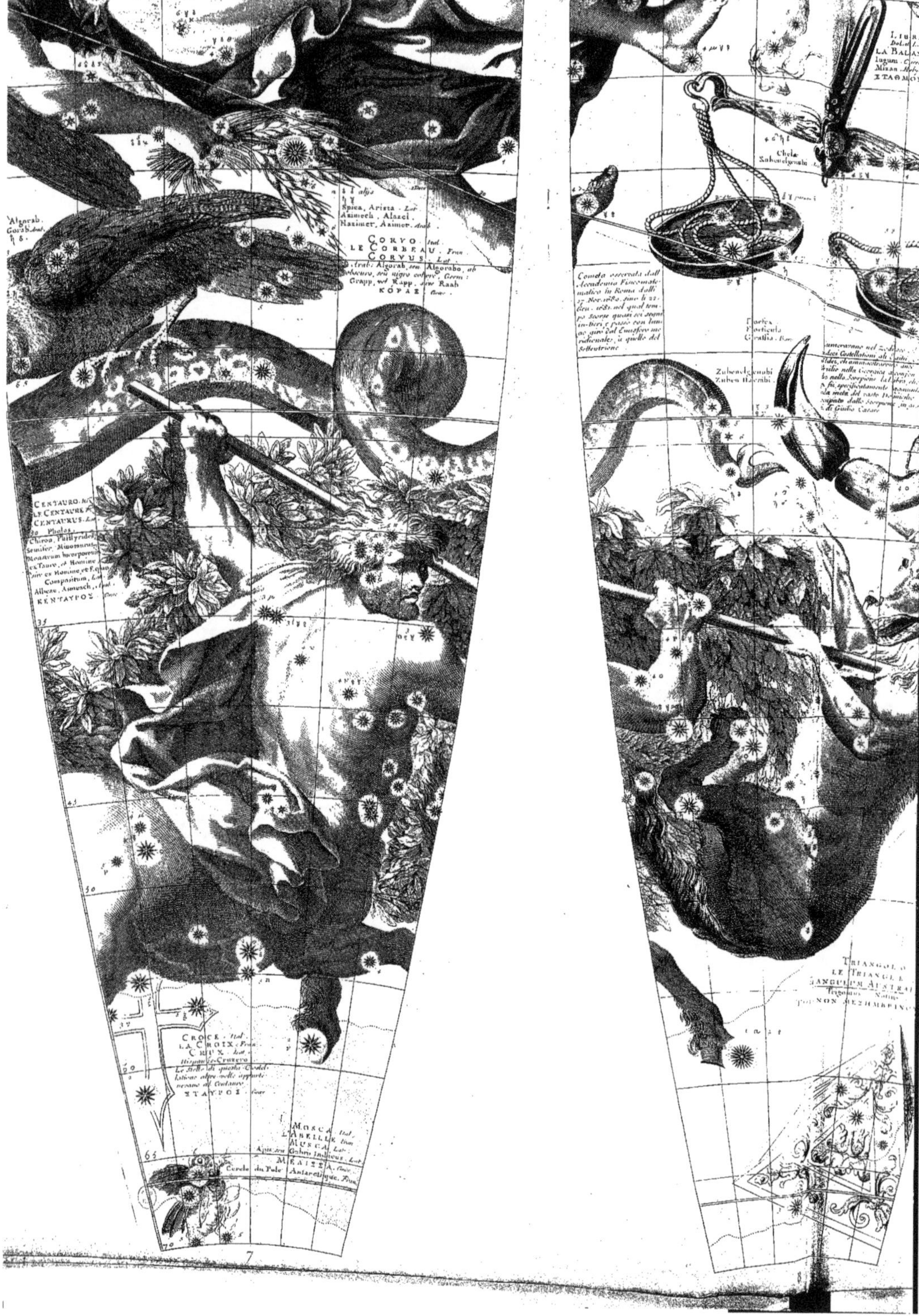
Spica, Arista . Lat.
Azimech , Alazel .
Hazimer, Azimer . Arab.
CORVO . Ital.
LE CORBEAU . Fran.
CORVUS . Lat.
Algorab . Gorab . Arab.
Grapp, vel Rapp, seu Raah
KOPAΞ . Graec.
Cometa osservata dall' Accademia Fisicomatematica in Roma dalli 27. Nov. 1680. sino li 22. Gen. 1681. nel qual tempo scorse quasi sei segni intieri e passò con lungo giro dal Emisfero meridionale, à quello del Settentrione
Chelæ
Zubenelgenubi
Zuben Hacrabi .
CENTAURO.
CENTAURUS . Lat.
Pholos .
Chiron, Phillyrides,
Compositum , Lat.
Albeze , Asmeach , Arab.
KENTAYPOΣ . Graec.
CROCE . Ital.
LA CROIX . Fran.
CRUX . Lat.
Le Stelle di questa Costellatione altre volte apparteneuano al Centauro
ΣTAYPOΣ . Graec.
MOSCA . Ital.
MUSCA . Lat.
Cercle du Pole Antarctique . Fran.
TRIANGOLO
LE TRIANGLE

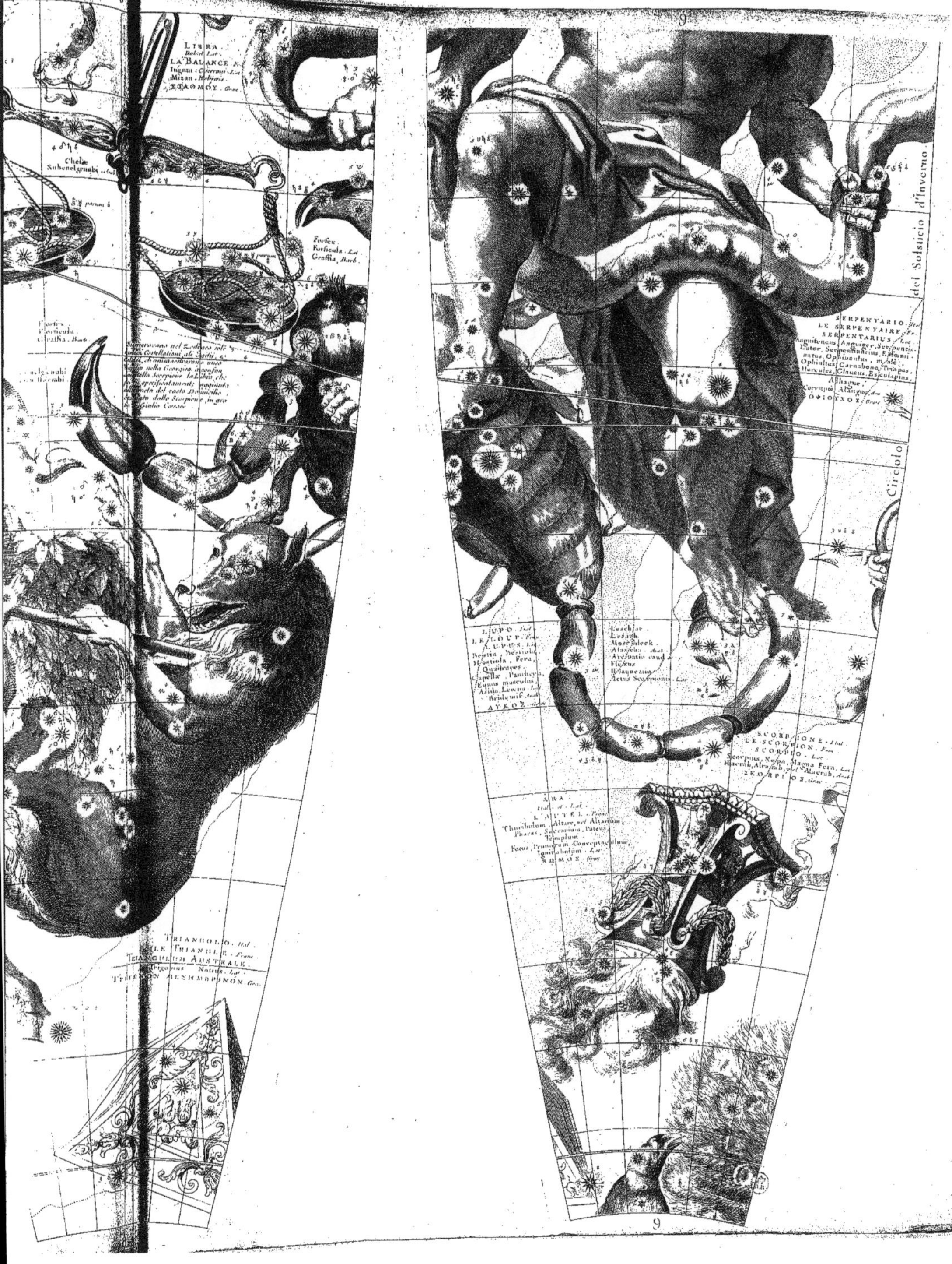

8
9
LIBRA. Ital. Lat.
LA BALANCE. Fr.
Iugum. Ciceroni. Lat.
Mizan. Hebraeis.
ΣΤΑΘΜΟΣ. Graec.
Chelæ
Zubenelgenubi. Arab.
Forfex.
Forficula. Lat.
Graffia, Barb.
Sumeravano nel Zodiaco sole
undeci Costellationi gli Egitij, e
Caldei, ch ammaestrarono anco
Virgilio nella Georgica, in confon
dendo lo Scorpione la Libra, che
fu specificatamente aggiunta
alla metà del casto Domicilio
occupato dallo Scorpione, in gra
tia di Giulio Cesare.
SERPENTARIO. Ital.
LE SERPENTAIRE. Fr.
SERPENTARIUS. Lat.
Anguitenens, Anguiger, Serpentis
Lator, Serpentinarius, Famuli
Ophiuchus, Carnabono, Triopas,
Hercules, Glaucus, Esculapius,
Corrupte Alangue. Arab.
ΟΦΙΟΥΧΟΣ. Graec.
del Solsticio d'Inverno.
Circolo
LUPO. Ital.
LE LOUP. Franc.
LUPUS. Lat.
Bestia, Bestiola,
Hostiola, Fera,
Quadrupes,
Capellæ, Panthera,
Equus masculus,
Asida, Leaena. Lat.
Bridemif. Arab.
ΛΥΚΟΣ. Graec.
Leschat.
Lesath.
Mosefileck.
Alascha. Arab.
Aculeatio caudæ
Flexus
Illaqueans
Ictus Scorpionis. Lat.
SCORPIONE. Ital.
LE SCORPION. Fran.
SCORPIO. Lat.
Scorpius, Nepa, Magna Fera. Lat.
Hacrab, Alacrab, vel Alacrab. Arab.
ΣΚΟΡΠΙΟΣ. Graec.
ARA.
Ital. et Lat.
L'AUTEL. Franc.
Thuribulum, Altare, vel Altarium,
Pharus, Sacrarium, Puteus,
Templum.
Focus, Prunarum Conceptaculum,
Ignitabulum. Lat.
ΘΥΜΙΑΤΗΡΙΟΝ. Graec.
TRIANGOLO. Ital.
LE TRIANGLE. Franc.
TRIANGULUM AUSTRALE.
Trigonus Notius. Lat.

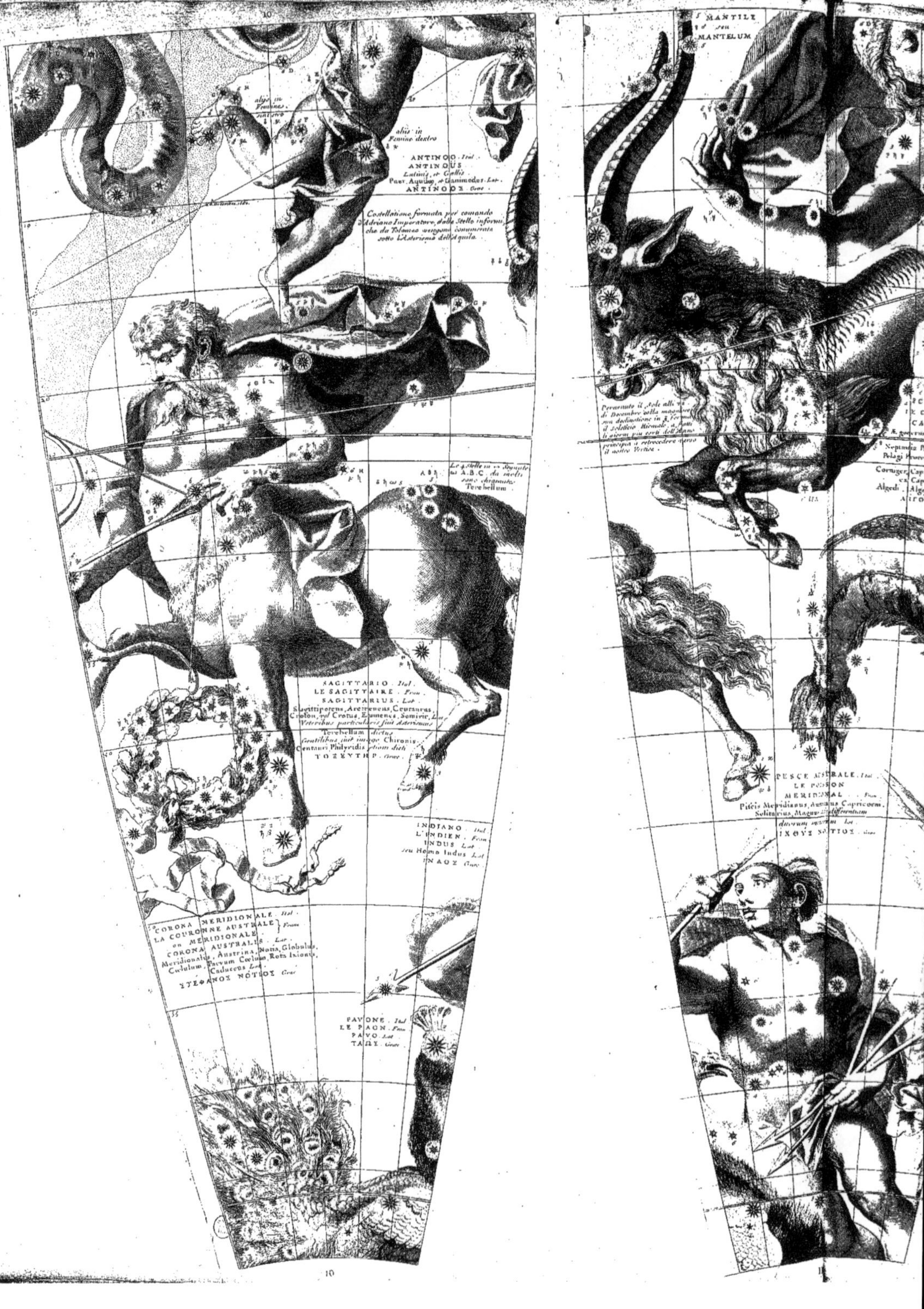
MANTILE
seu
MANTELUM
aliis in
Femine dextro
ANTINOO . Ital .
ANTINOUS
Latinis, et Gallis .
Puer, Aquilae, et Ganimedes . Lat .
ANTINOOΣ . Graec .
Costellatione formata per comando
d'Adriano Imperatore, dalle Stelle informi,
che da Tolomeo vengono comunicata
sotto l'Asterismo dell'Aquila .
Pervenuto il Sole alli
di Decembre colla maggiore
sua declinatione in
il Solstitio Hiemale
li giorni piu corti dell'Anno
principia a retrocedere verso
il nostro Vertice .
Le 4 stelle
A . B . C . da molti
sono chiamate
Terebellum .
SAGITTARIO . Ital .
LE SAGITTAIRE . Fran .
SAGITTARIUS . Lat .
Veteribus particularis fuit Asterismus
Terebellum dictus
Gentilibus fuit imago Chironis .
Centauri Philyridis etiam dicti
TOΞEYTHΡ . Graec .
INDIANO . Ital .
L'INDIEN . Fran .
INDUS Lat .
seu Homo Indus Lat .
INΔOΣ Graec .
PESCE AUSTRALE . Ital .
LE POISSON
MERIDIONAL . Fran .
Piscis Meridianus, Capricorni .
CORONA MERIDIONALE . Ital .
LA COURONNE AUSTRALE
ou MERIDIONALE . Fran .
CORONA AUSTRALIS . Lat .
Meridionalis, Austrina, Notia, Globulus,
Cœlulum, Parvum Cœlum, Rota Ixionis,
Caduceus Lat .
ΣTEΦANOΣ NOTIOΣ Graec .
PAVONE . Ital .
LE PAON . Fran .
PAVO . Lat .
TAΩΣ . Graec .
10
10

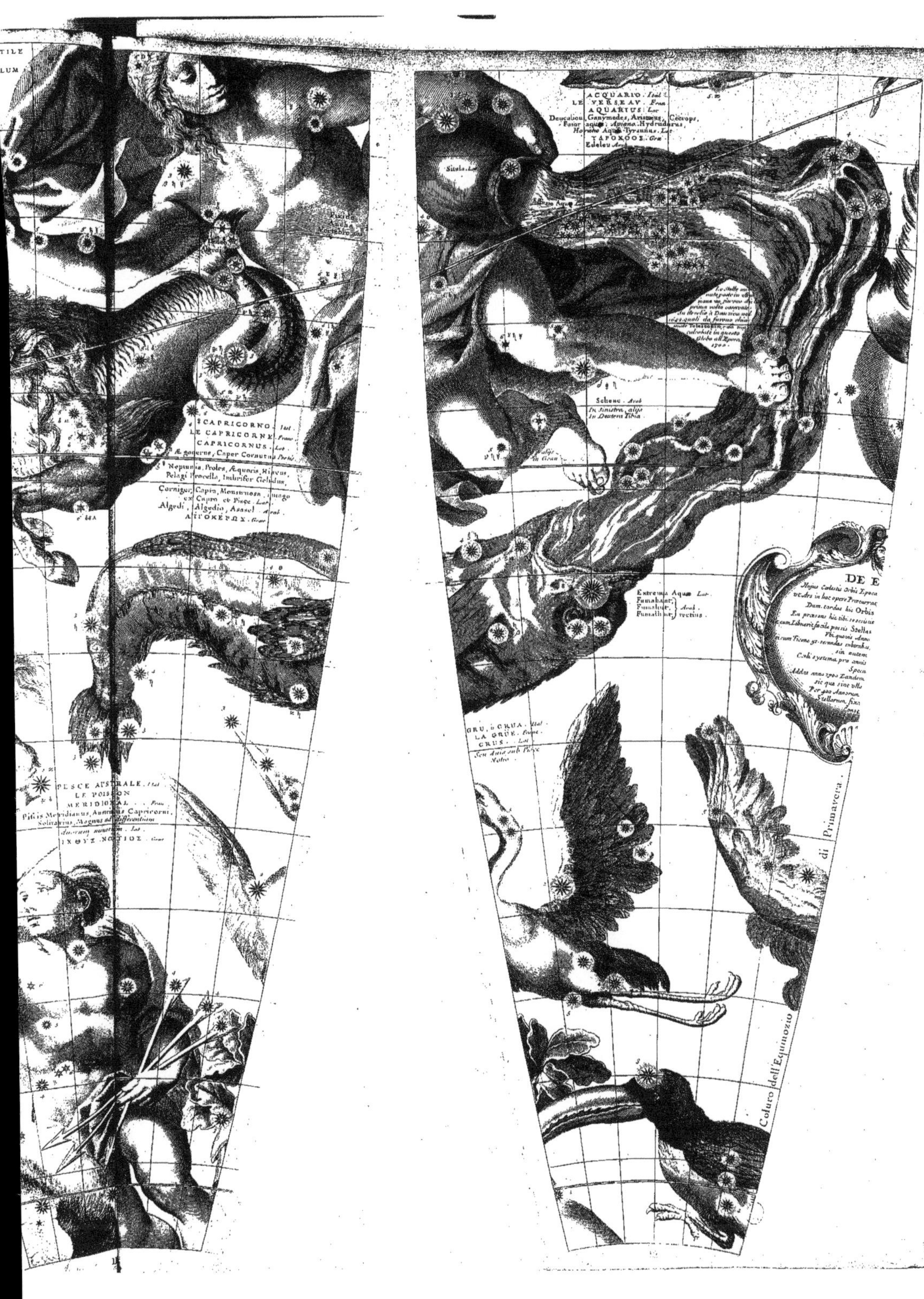
ACQUARIO. Ital.
LE VERSEAU. Fran.
AQUARIUS. Lat.
Deucalion, Ganymedes, Aristæus, Cecrops,
Fusor aquæ; Apiano. Hydrudarus,
TAPOXOOΣ. Græ.
Situla. Lat.
CAPRICORNO. Ital.
LE CAPRICORNE. Franc.
CAPRICORNUS. Lat.
Ægocerus, Caper Cornutus
Neptunis Proles, Æquoris Hircus,
Pelagi Procella, Imbrifer Gelidus,
Corniger, Capra, Monstruosa imago
ex Capro et Pisce. Lat.
Algedi, Algedio, Asasel. Arab.
AITOKEPΩΣ. Græ.
PESCE AUSTRALE. Ital.
LE POISSON
MERIDIONAL. Fran.
Piscis Meridianus, Auritius Capricorni,
Solitarius, Magnus ad differentiam
duorum minorum. Lat.
IXΘYΣ NOTIOΣ. Græ.
Extrema Aquæ. Lat.
Fumahant,
Fumalout,
Fumalhaut. Arab. rectius.
GRU, ò GRUA. Ital.
LA GRUE. Franc.
GRUS. Lat.
Seu Avis sub Pisce Notio.
DE E
Coluro dell'Equinozio di Primavera.

www.ingramcontent.com/pod-product-compliance
Ingram Content Group UK Ltd.
Pitfield, Milton Keynes, MK11 3LW, UK
UKHW020550230726
13925UKWH00006B/2505